# 日日 是好日

ひびこれよきひ

［日］
AKIPIN
**安部明雄**
著

苏航
译

北京联合出版公司
Beijing United Publishing Co.,Ltd.

# 目 录

1

与妻子的邂逅

我与妻子邂逅的契机是烤白薯。

如果出席过他人的婚礼，肯定会听到关于"两人如何邂逅"的介绍吧。比如某对夫妇上大学时是邻居，某对夫妇是同一单位的前辈和后辈关系，某对夫妇是在朋友举行的酒会上认识的。邂逅的版本大致为这一类。但是，我和妻子邂逅的契机是烤白薯。

在秋意渐浓的11月上旬，朋友邀请我去"烧烤"。很尊敬那个朋友的我，照他说的骑自行车去了京都贺茂川上游的河岸地带。朋友也邀请了其他人，有我认识的人，也有我不太认识的人，一共聚集了八人左右。

日落后的傍晚，朋友立刻点燃了柴火，像从机器猫的四次元口袋里一样，从包中陆续取出许多白薯，说了句"烤着吃吧"。很尊敬那个朋友的我，就照他说的接过了白薯，去河边用河水把附在白薯上的泥土清洗干净。而除我以外，还有一个过来洗白薯的女性。我和那个女子并排蹲在河边，把白薯浸泡在潺潺流淌的河水中开始洗。哗啦哗啦，我们洗白薯的声音回响开来。我们两人闲聊着些无伤大雅的话。哗啦哗啦，哗啦哗啦。因为我完全没有在河里洗白薯的经验，所以不由得笑了出来。而那个女子看起来也挺开心的。不知不觉，天已经完全黑了，篝火熊熊地燃烧起来。我

几乎完全听不见朋友们喧闹的声音。

　　我无意中看向身边的人，她把白薯放在一旁，保持双手放在耳后、手掌朝前的姿势一动不动。然后，她说："这样做的话，就可以更清楚地听到河流的声音了。试试看吧。"我也把白薯放在一旁，像她那样试了一下。于是，从刚才开始就听到的哗啦哗啦的流水声一下子变大了，仿佛就在我耳边流淌一样，十分生动。如果打比方的话，之前是在老旧的CD机上听，现在则是音乐会实况近在跟前。"哇，好厉害！听得非常清楚！"我被感动了。被这个声音，还有知道这种方法的她。我把手贴在耳朵上看着她，她也高兴地用手贴着耳朵看向我这边。我们又一起向前看去，继续听着河流的音乐会。

"白薯，还没洗好吗？"听到对面朋友大喊的声音，我们才回过神来。把剩下的白薯适当地清洗后，我们两个人又回到了篝火旁。

当时我19岁，比我大四岁的她23岁。虽然我早就知道她的存在，但我想，那是我们两个人第一次好好地交谈，也是我和她真正相遇的日子。

2´

与妻子的交往

从烤白薯那天算起，一周之后，她突然发来了短信，说："如果可以的话，我做明天早上的便当，我们两个人一起去贺茂川野餐好吗？"我吃了一惊。两个人在早上一起吃手工制作的便当，不就和恋人一样吗？她是怀着怎样的心情来邀请我的呢？不过，我感到很高兴，回复"OK"。她表示很惊讶，回了条表示非常高兴的短信。第二天早上，我坐公交车在7点半左右到了贺茂川，我们颇为紧张地见面了。11月中旬的早上还是相当冷的。

　　我们沿着河岸找了个合适的地方铺上席子坐了下来，打开了她带来的便当。由于是第一次吃女性亲手做的便当，我心里七上八下的，我们两个人并排坐在一起，面朝前方地吃便当。便当里面放了些什么，如今我都忘了，但是里面一定有饭团和煎鸡蛋吧。我们偶尔侧面相对，一边说着烤白薯那天的话题，一边说着各种无聊的闲话，不停地欢笑。

　　突然，我开始有些在意路过附近的人的目光。如果有人看到这个情景（"咦，那两个人，难不成是……"），不会感到惊讶而可疑吗？我和她并不是那种关系，只是在寒冷的早上一起坐着吃手工制作的便当罢了。但是……一般是不会出现这种情况的吧？我突然觉得很不

好意思，在坐垫上慢慢地扭转了坐着的方向，不知从什么时候开始，我变成了半个身子背对着她坐着。

尽管如此，两个人一起吃着便当聊天，还是太令人开心了。即使在谈话中断、不说话的时间里，那种沉默也让人心情舒畅。不知不觉间，我的后背靠近了她，碰到了她后背的一小块。那一小块非常温暖，我尽量不被她留意到，靠着那里。

那天到底是做了些什么、说了些什么话才彼此分别的，我现在已经记不清了。只是，在两周过后的11月末，我们开始交往了。

3´

开始拍摄妻子
料理的理由

有人问我为什么要拍妻子做的料理的照片。我平时的工作并不是摄影师，而是做着与照片完全无关的普通工作。我从来没有想过，这样的我拍摄的照片，每天会有很多人看，我还能出版关于照片的书。

本来，我是想以2015年女儿出生这件事为契机，将拍照技术练好，将美好的家庭生活画面保存下来，因此买了单反照相机。然后，就想着如果有人看了照片，会成为对我的鼓励，我拍照时就会更加熟练，因此开始发作品在Instagram（照片墙）上。一开始上Instagram，看到很多人发华丽场景的照片，发街上行走的人的身影的照片，我自己也想拍同样的照片，就一个人去了京都的繁华街道祇园，拍了很多店铺林立的

风景，还有过路人的背影。但那只是在模仿别人，看到别人拍得更好的照片后，我渐渐就觉得玩Instagram不开心了。照相机中只是不断地增加一些不认识的大叔的背影的照片而已。

　　就这样过去了半年，在冬日的某一天，在无意中拍下妻子把七草放进七草粥锅里的照片时，我说："我想拍的就是这个！为什么至今都没有发现呢？"这一发现和反省让我心中充满了喜悦。超过十年的婚姻生活里，妻子明明每年的1月7日都会做七草粥，为什么我之前一直没有注意到这个场景的美丽呢？而且，妻子每天在同一个厨房为我做味噌汤的身影，至今我到底好好地看过几次呢？

后来，在家里，只要妻子站在厨房里，我就会拿出照相机尽可能地关注她的样子——切菜，用平底锅炒肉，用煮锅煮饭，饭上冒出热气，她快速做饭的样子和不慌不忙做饭的样子，在某道菜加热的空隙把料理所用的材料剁碎的样子。有妻子在的厨房，凭借妻子的技术、智慧、心思和节奏，处处都在闪耀着光芒，食材和妻子融为一体，演绎了一出出舞台剧，这是多

么美丽的风景啊，不仅是美丽的，甚至是人生中非常重要的东西，从这样的情景中，我觉得仿佛可以学到很多东西。

后来，我把自己登载在Instagram上的不认识的大叔的照片全部删除了。然后，总觉得非常兴奋地，开始了开心的拍照人生。

对人生而言，
吃饭为何？

　　开始拍摄有妻子在的厨房照片时，我发现了以蔬菜为中心的食材的美丽。特别是西红柿。我并不是特别喜欢作为食材的西红柿，只不过是在它被摆上饭桌时就那样吃罢了，从来没有好好地打量过它。不知从什么时候开始，我对西红柿产生了兴趣，到了西红柿出现在砧板上就绝对要给它拍照的地步。西红柿并不经常成为料理

　　的主角。但是，如果在取景框的中心捕捉到那圆润的温柔外形以及充满力量的色彩，我的内心就会被那压倒性的存在感夺走。我拍摄了很多张以西红柿为主角的照片。不仅是西红柿，还有秋葵、小萝卜之类的蔬菜，我被这些之前不怎么关注的食材的美丽而感动，拍了很多照片。

　　这样去拍照，渐渐地，我开始注意到自己的价值观发生了逆转。我完全不会做饭，在喜欢上拍照之前，我只了解"做好的菜"。虽然这是不言自明的，但我知道料理是对各种食材的组合。需要到每家店里精心挑选，再放在砧板上切割并烹调好食材，才能做出好的料理吧。虽然附近有很多家能买到食材的店，但妻子对买菜

　的店很讲究，时不时地要特地开20分钟左右的车，去大原地区购买新鲜的蔬菜。我感觉自己一点一点地，能理解她这样做的理由了。总之，获得好的食材是很重要的，这本身就会带来一种喜悦。

　　一想到这些，我就觉得吃饭在人生中的地位都发生了转变。我原以为吃饭是获得某种活动能力的"手段"，实际上，是不是可以认为吃饭才是重要的"目的"呢？外面的活动进行得顺利或者不顺利，得到了好评或者没有得到好评，虽然会发生很多种情况，但是比起这些结果，我想，在家里和家人一起吃饭，只是很纯粹地感到开心才是绝对重要的事情。

　　无论是料理还是人生，比起在意结果如何，更要在意的是一步一个脚印地、稳固地打好基础。我想，应当重视这一部分。如果能够纯粹地把这当作"目的"的话，就能基于这种想法，真正地感受到每一天的幸福。而这不正是所谓的充实感和幸福感吗？

5´

想保持健康

　　我每天都会喝白开水。这对我来说已经是每天不可或缺的事了。然而，这件事是从上个月开始的，是十分短暂的"每天"。

　　虽然觉得和家人一起度过的时光在人生中比什么都重要，但我到现在从没有好好考虑过能实现这一点的基础——自己的健康。我正在反省这件事。幸运的是，我活了四十年，没有遭受过严重的意外和病痛。我身边有人曾遭遇到这些，尽管他们的遭遇以巨大的力量向我强调了"健康并不是理所当然的"，但我没有为了能更进一步守护自己的健康而采取什么具体的行动，不管是做运动还是考虑食物的营养平衡什么的。我自己从来没有主动付出过行动，也已经好几年没做过什么运动了，食物方面也是在家里被动地接受妻子提供的饮食。在职场的食堂吃午餐以及和朋友在外面吃饭时，我总是很积

极地去点油腻的、添加剂多的食物。

　　最近，我开始觉得，不能以这种姿态轻易地说出"和家人一起度过的时间才是人生中最重要的"之类的话。然后，我试着问了自己（如果抱有如此强烈的愿望，为了守护它，一般都会想些什么办法吧？如果不想付出行动，那么"和家人一起度过的时间才是人生中最重要的"这种话不就是单纯的谎言了吗？如果说这不是谎言，那么你认为要一起度过这段时间的自己的身体该如何维持呢？在无意识中会觉得自己的健康一定没问题吧？）。

　　自己这么问自己的话，是没办法做出回答的。我虽然想要珍惜每一天的生活，但可能只是单纯地在偶然获得的幸运中自我满足罢了。虽然无法预知何时会发生何事，但若不尽可能地付出努力，总有一天会后悔

莫及的。

　　所以，从上个月开始，我每天早上都会喝白开水。因为网上写着白开水有益健康。早上起床后，我就用电热水壶烧开水，慢慢地喝。看到那样的我，妻子微微地笑了。她大概是在怀疑吧（这份心意，能持续下去吗？）。她比谁都清楚，我是容易受到网络影响，"热得快，冷得也快"的性格。因为她曾看到我好多次热衷于某些事物，却很快就厌倦了，所以我被她如此怀疑也是没办法的事。只有这次我想坚持下去。虽然

我不认为健康是简单地靠喝白开水就能维持的，但先
从不难做的地方做起，才能一点点扩大努力的方面。
除了喝白开水，为了健康，运动也是必要的，我在考
虑要不要做"踏台升降运动"。因为，网络上说，在家
里做"踏台升降运动"对健康有益。

6´

蒸
汽

妻子在昏暗的厨房里所泡咖啡的温热蒸汽，炉子上坐着的水壶里冒出的袅袅蒸汽，妻子做饭团时手掌上米饭的温暖蒸汽，刚做好的味噌汤的蒸汽……总之，我很喜欢热汽，为此拍了很多照片。蒸汽是我最重要的拍摄对象之一。其理由不仅是因为蒸汽"漂亮"，也

是因为，多看几张自己所拍下的蒸汽，就会意识到一种说不出的悲伤和尊严的感觉。

　　一开始我自己也不知道为什么会那么在意蒸汽，但是，每当家里热气腾腾的时候，我就会兴冲冲地靠近并拍下照片。看着自己拍下的照片，我渐渐地注意到了，我把"此刻""时间"以及"生命"等主题叠加到蒸汽中。

　　新生的蒸汽一瞬也不停留，一边改变形状一边上

升、消失。消失并产生，产生并消失，那简直就如同
"此刻"一样。

　　即使舍不得消失，也会有新的希望产生，就如同
"时间"一样。然后，总有一天，热的会冷却下来，就
如同"生命"一般。

本来不可视的"此刻""时间""生命"等事物，借由蒸汽的姿态和性质表现出来。

看到自己拍摄的照片才意识到这一点的时候，我感觉自己触碰到了这个世界上俨然存在的规则。因为它同时带来了想要放弃和怀抱希望这两种心情，因此我强烈地希望在活着的此时此刻、每一天，以至我的整个人生，都能珍重且自由自在地生活。

## 7

妻子超级喜欢
乌冬面

　　日本的餐桌上经常出现乌冬面，而妻子特别喜欢
乌冬面。在日本，要说乌冬面的话，香川县的很有名，
虽然我们都是京都人士，但是妻子非常地钟爱乌冬面。
若以我个人来说，我是更喜欢吃荞麦面的，但妻子非
常非常喜欢吃乌冬面。妻子对乌冬面的喜爱，已经到
了令人惊讶的程度。

　　休息日的中午，有时候妻子一边给我和女儿做饭，
一边说着"菜不够吃，我吃乌冬面"，就自己一个人吃
着乌冬面，看起来十分高兴。又或者，在休息日的晚

上，她说着"今天晚上到外面的店里去吃好吃的吧"，
然后大家一起去找饭店的时候，她就说"去乌冬面店
也行啊"。虽然我想着好不容易在外面吃饭就想吃些肉
啊、鱼啊，但有时候会输给妻子的热情，去乌冬面馆。
然后妻子会一直吃到吃完最后一根面条，总而言之，
一脸开心地吃着乌冬面。在我不在的平日的午餐桌上，
乌冬面大概也是以很夸张的频率登场。

　　因为妻子如此地喜欢乌冬面，所以我拍摄乌冬面

的机会就多了，发在Instagram上的次数也多了。有一次，我在工作的时候，收到了来自中国粉丝的评论："能告诉我做出美味乌冬面的秘诀吗？"我用邮件向妻子询问了一番，得到的回答是"没有什么诀窍哟"。"一个都没有吗？"我这么一问，等了一段时间，得到了如下的回答：

　　在家里很难做出和乌冬面店里一样美味的汤汁，所以要买市面上卖的做乌冬面用的液体汤汁。在日本，为了吃面条而自己从鲣鱼干开始特意去熬汤汁的人是极少数吧。比起"粗面"，我更喜欢"中细"的面条，因为这样食材容易缠在面条上。油炸食品的话，我不喜欢像油炸豆腐乌冬那样摊开很大面地放在面上，而是喜欢把它们切成细长条盛在碗里。这个叫作"切丝乌冬"。这种乌冬面推荐

用土生姜泥做作料。如果是鸡蛋乌冬，就撒上七味粉（类似中国的"五香粉"，由生的红辣椒、煮熟的红辣椒、山椒粉、黑芝麻、芥子、麻实、陈皮等七味组成）。在七味粉中，我喜欢"黑七味"这个种类，这可能是我自己的执着。葱不是切成小块的，我喜欢斜切后煮软。

诀窍这么多啊！！！

8

想要减少浪费

"活着的时间是有限的"。这种事，我从小就知道，但最近越发真实地感觉到。随着40岁的临近，无论看上去多么年轻，一般来说都不适合被称为"年轻人"了，我也到了被邻居的孩子喊"叔叔"时羞于反驳说"叫哥哥"的年龄。再加上周围有的人会生病，也有些人在很年轻的时候就意外去世。总之，"活着的时间是有限的"这种绝对的事实比其他什么话语都让人感觉沉重，所以我想要彻底地重新审视一下自己的时间使用方法。在日常生活中，尽量减少对自己来说重要度

低的事物所占用的时间和感情，只在真正想要珍惜的事物上花费时间和心绪。在这种思考下，我首先试着从一年前开始，重新评估我日常生活中的穿着打扮。

比如说工作服。因为我的工作衣着是西服风格，每天都要穿（运动用）敞领长袖衬衫，我的衣柜中排列着五六件至今我自己买的设计上各不相同的衬衫，有白色、淡蓝色，条纹、格子等样式。每天早上，一边想着"今天选哪件呢？"一边从衣柜里选衬衫就成了我每天的必修课。当我重新审视自己的行为时，我发觉自己并不是从心底享受穿衬衫这种打扮。

"收集几种不同设计的敞领长袖衬衫，通过改变套装的组合来转换心情，这是很普遍的做法"，这种观念已经成为固定观念，不自觉地就这么延续下来。然而，由于我压倒性地喜欢质朴的纯白色，当纯白的衬衫正在清洗而没有收进衣柜的时候，我发现自己会有些失落。于是，我突然想到，没必要被固定观念束缚行动而放弃自己绝对的喜好。那样的话，不就是在浪费时间和感情吗？于是，我买了三件纯白的敞领长袖衬衫，只轮流穿这三件。就这样，每天毫不犹豫地选择自己喜欢的敞领长袖衬衫，过自己喜欢的生活。也许别人

会认为"你每天都穿一成不变的衬衫"吧？但是，与不浪费自己有限的时间和感情的重要性相比，别人怎么想实在是微不足道。而且，我想，我压倒性地喜欢的纯白敞领长袖衬衫一定和我很相配。

用与此相同的想法，我也准备了几件纯白的在休息日要穿的短袖T恤和长袖T恤。因为我纯粹是喜欢白色，所以觉得没必要准备其他颜色的衣服。

顺便一提，把完全不穿的衣服和带花纹的衣服一口气扔掉也是一个方法。这叫作"断舍离"。但是我吃饭的时候经常把衣服弄脏。为了避免所有的白色衣服都沾上调味汁和酱油，我也没扔掉带其他颜色和花纹的衣服，而是把它们放在衣柜深处随时待命。

9´

梦想就是生活

　　这是十年前妻子说过的话，我到现在还时常想起。

　　那一天，我们邀请一对年长的朋友夫妇到家里吃饭，谈到了关于梦想的话题。朋友的丈夫突然这样问我："你有梦想吗？"那个时候，我感觉自己就像被戳到了痛处一样。

　　在学生时代，我明明每天都会考虑这个问题，也会和各种各样的人讨论，步入社会后，对一直忙于非本意工作的自己来说，"梦想"这个词很耀眼，也很沉重。我正处于一个看不清自己的将来而感到焦虑不安的时期。尽管如此，对于这个问题，如果回答"没有"，感觉会更糟糕，带着这份焦虑和要强，我说："想凭借文章来做点什么。"因为毫无具体的内容，之后我就不知道说什么了。然后，我和他以及他的妻子说了很多话，只有我的妻子默默地充当听众。

在最后的最后，妻子嘟哝着说了一句："我的梦想，怎么说呢……就是生活呀。"

我十分地感动。

一般来说，在回答"生活"的时候，会是"梦想是认真地生活""梦想是平静的生活"之类有限制意义的修饰语的句子。如果没有修饰语的话，在语法

上看起来不就像写错了的文章吗？但是妻子什么都没有加在前头，而是说"梦想就是生活"。

原来还能有这样的想法、这样的价值观吗？这对我而言是一个全新的发现。

我从学生时代开始就认为，人拥有某种具体的可达成的目标是很重要的，成为能够给别人带来影响力的社会人才是有价值的。这在学生时代成为我每天的动力，不过，成为社会一员之后，想要达到"给别人带来影响力"那么高的层面，只是想一下就会感到痛苦。但是，从"梦想就是生活"这句话中，

我感受到了从一切苦闷中解放的光明感。不管达成什么目标、对他人的影响力如何，对眼前所展现的事物都要无比热爱。如果能从心底抱着这样的心情，那就是最棒的，我想以此为目标。

那次聊天过后半个月，妻子被发现罹患大病，开始了身体和经济等各方面的考验。在那之后，也迎来了女儿到来这件最幸福的事。

与朋友夫妻谈论梦想的日子不知不觉已经过去了十年，我现在过着以拍照为最大爱好的生活。拍摄

的对象单纯地只是妻子在捏饭团，只是妻子在面包上涂果酱，只是妻子在吃面条。

　　看着拍的照片，我想，现在在我眼前的我最爱的事物，就是那时妻子所说的"生活"。妻子做的梦也变成了我的梦，那个梦现在正在被实现着。

就『米糠酱菜』
而询问妻子

妻子非常喜欢米糠酱菜。米糠酱菜是指把米糠和盐混合在一起，做成能发酵出乳酸菌的东西（叫作"糠床"），腌制蔬菜之类的食材，使之入味而制作成酱菜。关于米糠酱菜，我询问了妻子。

丈夫："从小就喜欢米糠酱菜吗？"

妻子："奶奶家门前有个做'糠床'的木桶，从三岁的时候开始，我就闻着那个气味。"

丈夫："从三岁开始？！小孩子不是一般都讨厌糠床的气味吗？我都三十多岁了还是不习惯……"

妻子："我小的时候我妈妈也在家里做，可能我就习惯了。我最喜欢妈妈做的米糠腌黄瓜了。洒上酱油和茶泡饭一起吃最棒了。"

丈夫："真是个苦孩子啊！在家里做米糠酱菜的人，在奶奶那一代可能比较多，但是在妈妈那一代已经很少了。更不用说现在像你这样年轻还在做的人，几乎都没有了。"

妻子："结婚之后，我一直在想，在店里买的咸菜味道不够啊。调味料的味道很浓，但很少有发酵的味道。我就想像奶奶、妈妈那样，试着做出单纯的只有酸味的米糠酱菜。于是两年前就开始制作了。"

丈夫："从两年前开始，饭桌上就出现了自制的米糠酱菜。如果不每天用手搅拌的话，糠床就会马上发霉，变得不能用了吧？明明不是主菜，花费时间来腌制不会觉得太辛苦了吗？"

妻子："虽然是道小菜，但只要有它的话，饭桌就会变得有活力。味道和口感会发生转换，这是非常重要的存在。以前的人是用大木桶做糠床，我则用小的便当盒来做糠床，在实在没时间搅拌的日子就放在冰箱里冷藏。这样做的话，两天之内是不会腐败的。"

丈夫："尽管如此，也只有两天啊。"

妻子："以前的人好像说过这样的话，如果家里发生火灾，必须赶紧逃走的时候，即使不把保险柜带走，也要带着糠床逃跑。"

丈夫："哇，要做到这种程度啊！"

妻子："因为米糠酱菜最好吃啦。比如黄瓜，如果早上预先腌制的话，晚上就能品尝到好吃的浅腌黄瓜了。腌制两三天后，黄瓜就会变成好看的茶色，盐渗透进去之后，黄瓜变咸，水分完全脱掉了，变成了爽脆的口感。把这种腌黄瓜浸泡在水中，去掉盐分，切成薄片，配上酱油、生姜。那爽脆的口感，还有和酱油、生姜混合在一起的风味，以及那发酵的香味，真是让人受不了！咱家有米糠酱菜的这两年真是幸福啊！"

这样热烈地谈话的妻子，展现出了平凡日常生活中最美丽的表情。

11´

还能活下去吗？
活不下去了吗？

　　妻子现在41岁，结婚的时候28岁，实际上，妻子在30岁的时候得过一场性命攸关的大病。

　　那是件令人震惊到无法用语言来表达的突发事件。万万没想到妻子竟然会生病。在那之前，我们都很注意要吃对身体有益的食物，也记得不要吃过多的快餐。约会时，或是在大自然中闲逛，或是听很多音乐，我们对于自己过着身体和心灵都很安详的生活这件事颇有信心。虽然没什么钱，但我也曾对别人说过"我们的长处也就只有健康了"。但是，为什么妻子的身体、妻子的生命会变成这样呢？

我的心情跌到了谷底，心痛不已，迷茫，哭泣，一点点地，我终于明白了。我们好似明白了生而为人最重要的事情，实际上这是完全错误的。只捕捉到了自己表面上好的部分，与他人不好的部分去做比较，这样心情确实会变好。但是，在心灵深处，我们并没有生存的谦虚。也就是说，对于"活着"这件事，内心认为是理所当然的。

　　我们两人一直谈论着这些事情，妻子做了手术，开始了治疗生活。因为摄入了给身体带来负担的药，妻

子的身体渐渐衰弱了，情绪也越来越低落。但是，把
"活着"作为最后的目标，我们总算是两个人一边聊着
天，一边结束了总觉得很长很长的半年左右的治疗期。
此后，虽然最初的几年吃着其他的药，不过，此后连
药也不用吃了，她还奇迹般地生下了孩子，一直生活
到如今。

经历过大病和治疗，妻子和以前相比，几乎不会再
生气了。即使身边发生了什么不可理喻的事情，她也
会反省"要是我能再这样做一些就好了"，或是笑着说

"发生了很多事情呢"。妻子以前或是演奏钢琴，或是教人弹钢琴，从前也说过"我想要用钢琴来感动他人"之类的话语，生病之后又说："感谢别人能让我弹钢琴。很感谢别人能听我演奏。"

　　我想，妻子是亲身体验到了生而为人最重要的、根源性的问题。那一定是"活不下去了吗？还能活下去吗？"。如果不活下去，就什么都没有了。只要能活下去，就是最大的希望。与"活不下去了吗？还能活下去吗？"这两个选择相比，例如"做A工作，还是做B工作"这样的选择就显得不那么重要了。正因为是这样去思考，对活着时发生的各种各样的变故就能笑着面对了

吧？妻子时常温柔地说："因为从中学到了什么才是真正重要的东西，得病真是太好了。"

和这样的妻子一直在一起，我也怀着同样的心情，学到了很多东西。要引起重视的是"自以为明白的不在意"。比如，是不是给别人带来了笑容，自己是不是过着健康的生活，等等。对那种事，自己是不会真正明白的。可能自己在不经意间用言词伤害了别人，而对方说不定正忍受着。即使记挂着吃对身体有益的食物，对生命，自己也完全不能操纵。总之，自己无法理解的事情有很多，感觉到"也许明白了"的那条界线的另一面一定横卧着"无法理解"。妻子在生病时所感受到的痛苦，我也竭尽全力地汲取着，与妻子一起痛苦着，不过，我想，我是不可能全部汲取到妻子内心中各种各样的不安、恐惧和悲伤的。

对于现在活着这件事，不要像已经明白了一样而不在意，不要认为这是理所当然的，要带着这种心态去活着。

由『土特产』
联想到的东西

　　我想了想我家的季节性料理。想到的印象最深的是初春时节的料理嫩竹汁。那是使用当季的竹笋和裙带菜制作的简单清汤。柔软的竹笋的口感、渗入的汤汁的味道、裙带菜所散发出的海的香味和从树芽（山椒芽）中漂浮的山的香味，能让人在身体中感受到春天的造访。

　　嫩竹汁之所以会深深地刻在我们夫妇的心里，并不仅仅是因为它的美味。我想，是因为这是一道从"人与人之间的联系"中产生的料理。

　　妻子的哥哥在京都的南部从事农业生产（他原本在运输公司驾驶卡车，几年前突然跳槽做农业，让大家很吃惊）。哥哥经常会往妻子的母亲那里送各种各样应时的食材。春天他送来了竹笋，母亲就把竹笋分给了妻子。不可思议的是，几乎在同一天邻居也拿着裙带菜出现在我家门口。"这是从我老家送来的，尝一尝吧。"邻居出生于盛产海鲜的岩手县，据说一到初春，他就会从老家送来很多裙带菜。并且，邻居连自家培育的树芽都分给了我们一些。于是，就这么一会儿，嫩竹汁的食材就准备齐了，妻子高兴地做起了嫩竹汁。

从人传递到人的食材中，可以体会到人们的思念之情。所以这种味道更能引人回味、渗透人心吧。

除此之外，我们也从各种各样的人那里领受过各种各样的食材。我想，接受食材的时候，妻子的喜悦一定也在脸上很明显地表现出来。正因为如此，人们才会将各种各样的东西分给妻子吧，而妻子也经常把各种各样的东西分给各种各样的人，这样构筑起了友好的关系吧。

顺便说一下，把大量的东西送一部分给别人叫作"分赠"（おすそわけ）、"分送"（おふくわけ）。分赠是指把衣服的"裾"（すそ）分割的意思，意为"分享没什么价值的东西"。这是日本人特有的异常谦虚的说法。分送是分享幸福（福：ふく）的意思。我觉得这两个词都很美。

13´

試着问了妻子关于「便当」的问题

　　早上，妻子有时会为我做带去工作单位的便当。我非常喜欢妻子做的便当，不管是吃也好、拍照也好，我都很喜欢。但是我至今从来没有打听过妻子做便当时是怎么想的。在制作带去工作单位的便当时，她做了怎样的准备、在考虑什么，我试着询问了妻子。

　　丈夫："为了制作便当，你做了哪些准备呢？"

　　妻子："买东西时，要买做便当用的维也纳香肠之类的。其他的基本上都是放前一天的晚饭菜。虽然这么说，但是不会放有汤汁的东西，因为不能让汤汁从便当盒中溢出。"

　　丈夫："前一天做晚饭的时候，就想着第二天早上的便当，要考虑留下多少菜量吧？从那么早就开始准备第二天早上的便当了啊。"

妻子："虽说如此，但也并不是说把晚饭的菜全部做成便当。在菜肴中，还要有意识地加入红色、黄色、绿色。"

丈夫："色？"

妻子："这是为了让便当看起来更好看、更美味。比如红色的有西红柿、红色的酱菜，黄色的有鸡蛋、南瓜，绿色的有西蓝花、青椒和万愿寺辣椒等。这都是常见的。"

丈夫："你是这样去考虑的吗？"

妻子："嗯。啊，还有，米饭不是前一天晚上做的，是早上煮的哟！"

丈夫："确实是早上给我煮了饭呢！米饭有什么需要注意的吗？"

妻子："这个啊，因为是把刚做好的饭塞进便当盒里，所以盖上盖子之前要好好地冷却。如果就这么热着放进去的话，一个白天就会把菜和其他食材都捂坏了。至于冷却的方法，如果是凉快的季节，放置一会儿就会冷却，夏天的话，用电风扇吹风能很快地冷却哟，也不怎么花费时间。"

丈夫："电风扇确实很适用啊！菜可以不用冷却吗？"

妻子："小菜在装进便当盒之前，先要在碟子上冷却一会儿再装进去。就小菜而言，比起平时摆在饭桌上的时候，调味上要稍微浓一些。在盒饭里放的菜品种类有限的情况下，要即使凉着吃也能让人充分感受到它的美味。"

丈夫："你考虑得真周到啊。"

妻子："因为我做便当的经验很丰富啊。从初中二年级开始就时常做带去学校的便当。我身边会做这种事的朋友几乎没有呢。"

丈夫："从今往后，你还会给我做便当。不过，能不能给去幼儿园和学校的那个孩子（女儿）做便当呢？"

妻子："世间小孩子的妈妈们，好像在努力地制作出像动画片里画的卡通人物画那样的卡通便当，但我并不怎么想做那种便当。我想做些食材虽然不多但看上去很好吃的便当，制作那种让正在吃的孩子能十分清楚地知道自己在吃什么食材的便当。"

　　丈夫："你自己上幼儿园的时候，没有让妈妈为你做过卡通便当吗？"

　　妻："那个时代，世上还没有做那种便当的想法吧……啊，只有一次，妈妈给我做了那样的便当。我很

羞于被朋友们看见，虽然心里很高兴。"

　　丈夫："很高兴吗？"

　　妻子："是啊！……我偶尔也会给那个孩子做。啊哈哈。"

　　丈夫："啊哈哈哈哈。"

14´

时间＝生命

我认为时间就是生命本身。如果想表达自己能活多久，结果不是只能用时间来表达吗？例如说，生命不会被编程为"……一直活到实现愿望为止"。生命绝对不会为人的这种愿望而等待。当然，在这个世界上，也有很多人将自己所抱有的某种强烈愿望作为原动力

而得以长寿，一直活到实现愿望之前吧。但是，也有很多人虽然怀着强烈的愿望却病倒了，遗憾地离开了这个世界。人寿命的长度，是不能以人的愿望那种东西来估算的，到头来，虽然这是露骨的说法，不过，我想，只能说是"在上天给你的时间之内活着"。所以，我认为时间就是生命本身。

我从三十多岁的时候开始考虑这件事。把"时间"这个词换成"生命"，把握住每一天，如果"把今天一天的时间浪费掉了"，那就和"浪费了今天一天的生命"是一样的。如果是浪费了"用智能手机懒惰地查看不感兴趣的信息的时间"，就是浪费了"用智能手机懒惰地查看不感兴趣的信息的生命"。这样想的话，就会意识到今天这一天以及眼前的一切都是非常重要的。

最近，比起"在做什么事情的时间"，我觉得"感受着什么的时间"才是最重要的。例如，必须搬运非常重的行李的时候。一般情况下，这段时间可能会变成"干累活的时间"，如果能把这段时间变成"好久没花力气运动了，觉得很高兴的时间"，那么个人的生命大概会感到很开心吧。或者说，路上要花一个小时去工作的人，因为出发晚了十分钟而焦急地度过一个小时，和提前五分钟出门以平静的心情度过一个小时，

完全不同。即使表面上做着几乎同样的事，如果感受不同的话，同样长度的生命的使用方法就完全不同。比起"做"，我觉得"感受"是更为高级的概念，也更加接近自己的生命。

这样去想的话，那么脑海中和心中所流淌的喜悦才是生命中最重要的东西。

所以，我最想珍惜的是开心地和最爱的家人一起吃最美味的早餐，忘记工作和社会上的事，把自己置身于从心底自然涌现出的安乐心情的这段时间。因为不知道能活到什么时候，所以在活着的时候真心想用生命去体会那种安乐的心情。

饭团和我

饭团对日本人来说是最特别的食物。孩子们带去幼儿园和小学的便当里一定会放饭团。去便利店的话，比放面包之处更显眼的地方摆着很多饭团。小孩和大人都很喜欢饭团。

饭团的外观主要有三角形和稻草包形两种，不过，放入其中的配料有非常丰富的变化。经典的配料有梅干、鲑鱼、海带、鲣鱼干。章鱼子、辣椒鳕鱼子、金枪鱼蛋黄酱也很受欢迎，用红豆饭和高菜饭做的饭团也很好吃。去便利店的话，每个月都会摆放着"变种"的饭团，比如"生蛋拌饭风味饭团""烤奶酪咖喱饭团"这类崭新的饭团，人们会兴味盎然地将饭团带去收银台。虽然日本人"远离大米"的趋势已经持续很久了，但如果仅限于"饭团"的话，总觉得人们几乎没有远离过。

对于日本人来说，饭团的特别性在"饭团"这个名字中也有所表现。"おにぎり"（饭团）这个词可以分为"お"和"にぎり"——表达"用手捏饭"这个意思的"にぎり"（捏），加上包含敬意的"お"。为什么说是含有敬意的"お"呢？比如，"味噌汤"的开头也有"お"，如果是"味噌汤"的话，也有开头不加"お"而直接说"味噌汁"的情况。但是，对于"おにぎり"（饭团），不存在不加"お"直接说"にぎり"的情况。如果说"にぎり"的话，就成了"寿司"（お寿司）。作为最日常的存在，饭团超越了作为奢侈日本菜象征的寿司，难道不是被注入了地位不可动摇的、最崇高的敬意吗？

　　而且我也很喜欢饭团。虽然很喜欢饭团，但其实有一种不太喜欢的饭团。这……说得太清楚的话有点难为情，那是"朋友的妈妈做的饭团"。朋友的妈妈，对不起您！小时候，在朋友家吃饭的时候，朋友的妈妈经常拿出自家做的饭团来。饭是刚做好的，里面还放了我喜欢的配料，但是我不怎么想吃那个饭团。我并不是认为朋友的妈妈手脏之类的，而是因为无法用语言表达的原因而心怀芥蒂，几乎无法把饭团咽下去。

　　现在，我多少能明白其中的原因了。我觉得饭团里

蕴含着制作者的感情，其中有着能联结制作者与吃饭团者的心的力量。年幼的我，会不会无意识地拒绝和不是自己母亲的人有这种程度的联结呢？

现在，我和女儿一起津津有味地吃着妻子做的饭团，好像我自己是第二个孩子一般。我只是把自己交给从那一口一口的食物中溢出的妻子的爱，平静地让彼此心灵相通。

16´

想记录下
妻子的样子

　　我拍了很多关于妻子的照片，当然也有很多没有登载在SNS（社交网络服务）上的照片，比如和女儿聊天、走去车站的样子、品尝料理的表情等等。在这些照片中，如果被问到"最想留下的"是什么照片，我想，我会回答说："留下那些没有拍到妻子身姿瞬间的照片。"

　　比如，在案板上切苹果，或者把锅坐在火上，稍微离开厨房的那一瞬间。看到那些中途妻子有一瞬间不在厨房的照片，我会不由得感到一种不可思议的感动。那是因为，这些瞬间只要有妻子会"在下一个瞬间出现"的感觉，就让我十分满足。

　　随着年龄的增长，人注定有一天会消失。照片里的脸不知何时就会成"某岁时的某某""活着时的某某"这种完全是过去式、让人怀念的对象。当然，这也是照片的极好作用。

　　另一方面，如果没有身姿，也不记录日期，照片却可以保留"下个瞬间那个人会在那里出现的迹象"。

　　那张照片上，那个人的存在感会不会一直上升呢？

　　现在，值得庆幸的是妻子和我都过得很好。我想，如果这样一起长寿就好了，不过，不知道什么时候谁就先不在了。如果从男女的平均寿命来考虑的话，也许先去的是我。

　　如果是我先失去了妻子，看了照片就会觉得她还活

着。当然，从物理上来说并非如此，我那个时候也是明白的。我也知道，在接受这一点之后还感到"活着"之类的，是有些可笑的。

和妻子在一起的每一天所感受到的快乐和安乐，能不能稍微有一点相同的真实感呢？触碰到妻子马上会出现在自己身边的那种感觉，心里会不会产生比怀念更强烈的思念呢？

然后，在妻子和我都不在的很久以后，我们的存在感会不会在谁的面前显现出来呢？

人的生命在物理上总有一天会消失，但是感受不是可以通过照片随时散发出来吗？

　　我想，我如果带着那样的愿望来拍摄照片，就能持续拍摄下去。

　　我之所以特意去追求这一点，大概是因为我能想象出，如果妻子比我先走一步，那么我大概会太寂寞。

17´

思考『活在当下』

在 2019 年的 1 月 20 日左右，我突然想到"啊，今年已经过去二十天了，说'新年快乐'的元旦感觉就像在昨天一样"。也就是说，虽然有点夸张，但是二十天好像只过了一天。按照这种"二十分之一"的感觉来看，今后的二十年只需要一年左右，今后的六十年也只需要三年左右。人生，再有两三年的感觉就结束了吗？

当然，这是很极端的想法。把过去的时间说成"感觉像昨天一样"，这是常见的语言的修辞法，很少有实际上感觉这样短暂的情况。但是，时间毫不留情，以惊人的速度在流逝。我想，这是很多人在现实中实际感受到的。虽然经常听到"活在当下"这样的话，但是我不想流于表面地去谈现在的重要性和珍贵，哪怕只是一点点，也想要更深刻、更强烈地去感受想活下去的心情，去好好地思考过去和未来。

比如，15岁的时候，因为上了高中，就觉得"我也长大了啊"，到了30岁的时候，就会抱着"这么大岁数了"这样稍显沉重的心情。从现在37岁的我来看，15岁就不用说了，30岁的自己也非常年轻。我认为30岁那个年纪是非常珍贵的，像梦一样，珍贵到令人胸口痛的程度。如果那个时候我知道这是多么珍贵，就会去挑战各种各样的事了，我脑海中萦绕着这样的想法。像这样从现在来思考以前，接下来我试着从未来来思考现在。当已经50岁的我回想起自己37岁的时候，会怎么想呢？大概会是："只有37岁的年纪是非常珍贵的，像梦一样，珍贵到令人胸口痛的那般程度。如果那个时候知道这种珍贵的话，就会去挑战各种各样的事情了。"一定会浮现出这样的想法来吧？

虽然不能返回30岁的自己，不过，如果是37岁的自己的话，现在确实地，正在活着。我觉得这是件很了不起的事情。此刻，正是我今后人生中最年轻的自己。此刻，总会在未来的某一天，会成为令人怀念的、胸口发痛的梦。虽然梦一般是不能触摸到的，但是那个梦现在就在自己眼前，可以用手去触摸，也能去挑战各种各样的事情。我觉得这真的是很了不起的事情。

虽然在日常生活中不知不觉就容易忘记，但是我想牢记着"现在"的这份珍贵，活在"当下"。

18´

对女儿的思念

　　我与妻子结婚是在2005年，女儿出生是在2015年。那是婚姻第十年。在两个人一起度过的大概十年间，虽然想着如果能被赐予一个孩子该多好，但这并不是只靠自己的意愿就一定能实现的事。两个人的生活非常地自由，或是时不时地在外面的店里吃饭，或是沉浸在书本和音乐中，总是在家里说些无聊的话，每天笑个不停。那是最快乐的日子。

　　然后，在渐渐开始想象两人今后会一直这样生活下去的第十年中，被赐予了女儿的生命。当时真的是吓了一跳，不敢相信。从她出生开始，在自己家里除了我们夫妇，还有其他生命存在，这样的事实花费了些许时间才渗透进我们自己的身体和心中。女儿非常可爱，她很喜欢我，也会学习新的东西，不断地成长，这让我很高兴。包括女儿在内，我们三个人一起生活是最快乐的时光。

虽然我觉得两人的生活也是"最棒"的，但是有孩子的生活是种类不同的"最棒"，并没有哪种生活"更"好。我是这么想的。

那么，在有孩子的生活中，"父母向孩子寄托愿望"这样的事时常会成为话题。一般来说，这个问题的答

案会是"希望你能够将自己的特长发挥到极致，实现我无法实现的梦想"之类的，或是"因为我自己不擅长学习，所以只是希望你能擅长学习"之类的，也有"过普通的人生也好，希望你能健康地生活"之类的，应该会有各种各样的回答吧。

如果是我的话，我想回答："希望她能成为一个深思熟虑的人。"能够把自己的事和别人的事、世间的事都好好地去考虑，无论是与他人产生联系时，还是决定自己前进的道路时。如果是自己深思熟虑之后得出的结论，那么就去尊重它。

孩子是非常可爱的重要存在，不过，我希望在不断地考虑孩子今后怎么活的时候，同样地，或者说比这个还重要的是，去考虑自己该怎样活。我和妻子人生的主角，是我和妻子。女儿一定会，总有一天会自己负起责任考虑自己该怎么生活下去。我是这样想的。

女儿的事真的很重要，我想，如果有必要的话，我会为了保护女儿的生命而舍弃自己的生命。在将女儿视为最重要的同时，我也希望能够将自己和妻子视为最重要的。

我随着年龄的增长而学到的是，"最重要"不是只有一个，而是有很多个。

19'

我在死之前
想吃的东西

关于在家里吃的日常饭菜，我几乎不向妻子提出要求。有时妻子会问"今天的晚饭是××可以吗？"，我想，自己几乎没有回答过"不好"吧。对于家里的饭，我完全处于"被动"状态，虽然看上去有点不亮眼，但是每一道菜都很好吃。

如果能知道自己的人生剩余很短暂的话，那么我是一定会提出要求的。我到底会要点什么吃呢？我试着想了一下。

　　我一边想着一边说了，我心中最初的答案是"炸鸡块"。在日本，说"から揚げ"（油炸食物）时必然是指"炸鸡块"。所以我也说"炸鸡块"。

　　在通过SNS上投稿的照片了解我的人看来，我没有举例说健康食品，而是举出味道浓郁的油炸食品，很令人吃惊吧？我在小的时候被问到喜欢的食物是什么，就会回答说"炸鸡块"。即使不被问到，在自我介绍时我也会说"我喜欢炸鸡块"。被从前的朋友（无论男女）问我喜欢的东西是什么，不会回答"相机啦""照片啦"，而是会回答"炸鸡块"吧。我就是这么喜欢"炸鸡块"。

　　虽然简单概括就是"炸鸡块"，但世界上存在着各种各样的炸鸡块。仅从居酒屋里的"炸鸡块"来考虑的话，就有配着柑橘汁和葱的炸鸡块、配着蛋黄酱的

炸鸡块这两种。有的店会推出比想象中大两倍的炸鸡块。如果走在街上，偶尔会遇到在面向人行道的柜台中售卖的，只能带走吃的小小的"炸鸡专卖店"。其中，还有打着"黄金炸鸡块"这样奇妙的诱人招牌的店铺，以及写着"荣获炸鸡锦标赛No.1的店！"这样标语的店铺。总有这样一种感觉，"荣获炸鸡锦标赛No.1的店铺"这句中，"No.1"占的版面有点太大了。

还有不能忘记的是祭礼摊上售卖的炸鸡块。夏日炎热的夜晚，在人群中汗流浃背地走着，累了的时候，忽然闻到一股香味。闻到那股香味的时候就已经无法忍耐了。好不容易走到气味的发源处，会发现一个精力充沛的男子正以惊人的气势炸着鸡块。炸鸡块被装在纸杯里，付出比实际获得的鸡块要高的价格，立刻用牙签扎着吃。在炎热的天气里，大口吃着更火热的炸鸡块，一边"哈哈"地呼着气一边吃，真是太奢侈了。

虽然我一说起炸鸡块就停不下来，但我最喜欢的还是妻子炸的鸡块。虽然妻子炸的鸡块看上去不起眼，但却是最好吃的。首先，表面裹着的面衣不厚，一咬就碎，那个时候会发出"咔嚓"这样令人心情舒畅的声音。发出这种声音也是吃炸鸡块的妙趣之一。随着这种声音，牙齿马上接触到肉，咬下肉的话，口中的肉汁就会溢出。这也是很重要的一点。在店里吃的炸鸡块有时候几乎没有这种肉汁，干巴巴的。第一口就体验到这种感觉的话，会觉得很遗憾，看到盘子里剩下的炸鸡块就会觉得很难过。不，不要说其他的炸鸡块的不好了。总之，我喜欢妻子做的炸鸡块。不仅是咬的时候发出的声音和嘴里的肉汁，鸡块的调味也很绝妙。虽然店里卖的炸鸡专用调料也很好吃，但我家

是不使用的。我家倒也没有用什么特别的香料，就是用家里的调料来调味。那么具体是怎么做的呢？我试着问了妻子。

妻子："把鸡腿肉放进塑料袋里，里面放上酱油、料酒、盐、胡椒、生姜泥，视心情来放入一定量的蒜末，然后揉搓。这里，想让味道渗入其中的话，就那样放置一小时左右哟。然后再裹上生的马铃薯粉来炸制。要把无水锅的锅盖（日本无水锅，由于锅盖与锅采用同样材质铸造而成，所以也可作为平底锅及浅底锅使用，使用起来相当便利）当作浅锅来使用，放入其中油炸。仅此而已。啊，调味料的分量就是适量！是很简单的做法！"

如果知道自己的人生剩余很短暂，我就要求做这种炸鸡块吧，可能会一边说着"好吃，好吃"一边哭吧。我想，如果能那样流着眼泪的话，就是最幸福的事。

20

妻子所提供的
季节感

冬天，我住的京都市北区上贺茂的地区比京都市内的街道要冷上3摄氏度左右。不知为何，妻子总是兴高采烈地迎接造访这个地区的冬天。

说起冬天就会想到圣诞节，在临近圣诞节的休息日，妻子总是给我做蛋糕。在冬天温柔的阳光照进来的房间里，微微的甜蜜香味开始飘散在家中。收音机里

播放着轻快的圣诞歌曲。与那种愉快的气氛相对的是，我因为年末繁忙工作而疲惫不堪，只是呆呆地凝视着。朦朦胧胧间，看见妻子拿着搅拌过奶油的打泡器过来了，笑着说："想舔（粘在打泡器上的）奶油吗？"我就接过来，像个孩子一样舔完了还给妻子。虽然这是没有礼貌的行为，但是在这样的时光中，身心都被治愈了，我的圣诞节过得很快乐。妻子做草莓蛋糕一年比一年娴熟，松糕部分带着适度的嚼劲，奶油那温和的甜味让人欲罢不能。对不起了，蛋糕的专家们，我觉得妻子做的蛋糕比随便哪家店的蛋糕都好吃。

新年的时候，妻子会用白味噌做杂煮。用白味噌来做杂煮是京都的传统风味。1月1日早上，家人们见

面后会低下头说"新年快乐"。电视什么的当然不会开，在安静的空间中，以安静的心情，啜着白味噌汤，一边把年糕抻开一边吃。12月31日和1月1日，虽然只差一天，但从窗口射进来的光的颜色和空气的清洁感，甚至连自己的心灵都能感受到与前一天完全不同的崭新的美丽，究竟是何缘故呢？从今天开始，我想要珍重地去活每一天。我强烈地希望一年之后也能和全家人一起迎接这样的心情。

冬天的佳肴之一就是"螃蟹"。从这时起，妻子口中多次说出"螃蟹"这个词。

"想吃螃蟹""买螃蟹吧""去吃螃蟹吧""螃蟹！螃蟹！"，总之，妻子很喜欢吃螃蟹。螃蟹很好吃，我也一般程度地喜欢吃螃蟹，但是和妻子对螃蟹的热情

相比，我甚至会想，我可能是讨厌螃蟹。对于螃蟹，妻子会说"我喜欢××产的螃蟹"，而我没有这种偏好。无论什么样的螃蟹，高价的还是廉价的，都很好。我没有什么拘泥，只是想吃螃蟹。这才是真正地喜欢螃蟹的人吧。

2月份，天气越来越冷了。妻子总是在晚饭后给我倒一杯咖啡，可是有时候，某一天晚上，妻子会问我："今天想喝热可可吗？"那是一种特别幸福的声音。因为太冷而身体和心灵都难挨的夜晚，妻子突然做的可可非常美味。我一点点地品尝着因为太热而几乎喝不进嘴的可可。

一边品味，一边想（现在是一年中最冷的时候吧）。寒冷的日子持续的话，就希望天气能早点变暖，不过，总觉得到了令人享受的冬天要结束的时候，也

会稍微有些难过。

　　感觉到春天的气息，是在饭桌上"芥末拌油菜花"这道菜登场的时候。油菜花是象征春天的花之一。虽然油菜花是我从小就熟知的花，但小时候不知道这道用芥末拌的简单料理竟然如此美味。除此之外，妻子还会用庭院里培育的芝麻菜、野生芝麻菜、小萝卜等春天最常见的蔬菜做沙拉，还做豆米饭、鸡蛋汤、芦笋饭、甜辣炖竹笋肉等，不断地制作出春天的菜品。一到5月，院子里的芦笋伸长了，妻子就给我们做猪肉芦笋卷，因为这道菜看起来太有食欲，我不知不觉就会吃得过多，肚子一下子就鼓了起来。

　　到了6月就进入了梅雨季节，潮湿的日子持续着。在这个时节，妻子则忙着做腌黄瓜和罗勒泥。只需要把罗勒泥涂在面包上用烤面包机稍微加热一下，整个房间里就会飘满蒜香，给人一种身处意大利餐厅中一样的奢侈感。一早就沉浸在奢侈安逸的感觉中，变得不想去工作了。

在这样的时光中，炎热的季节到来了。说到夏天的招牌菜，万愿寺辣椒和杂鱼煮、天妇罗挂面实在让人垂涎欲滴。做天妇罗的话，我喜欢把茄子、豆角等夏季蔬菜快速油炸后捞到一起吃。盂兰盆节假期时，全

家人都在家的白天，妻子会为我们做这道菜吃，电风扇的头摇摆着，轮流地吹着我们三个人的头发，我们吸溜吸溜地吃着。

在炎热的季节，凉爽的甜品也很美味。我们家的话，妻子一定会做的夏季甜品是"天草的寒天"。喜欢烹饪的主妇应该有很多，但我认为会用天草做寒天的家庭并不是很多。用寒天、香蕉还有豆沙馅，还时不时地会把从便利店买来的冰激凌放在上面，再浇上黑蜜（用红糖煮成的浓液）吃。这滋味会渗透进疲于夏季酷暑的身体和心灵。在家附近的超市也可以买到天草，以前也曾几次开车去盛产天草的名产地石川县能登半岛买过。这也算是兼做一次小旅行了。从京都到能登开车要花7~8小时，途中在车内铺上毛毯睡上一觉，就买回了地道的天草。在女儿出生之前，我和妻子两个人的时候，这样自由地利用休息日还是挺不错的。不用说，妻子用那种天草做的寒天非常好吃。

　　超过35摄氏度的炎热天气持续着，每天真的感觉
很辛苦。"和这么热的夏天相比，还是非常寒冷的冬天
比较好，好想早点结束这样的季节啊"，每年我都会这
么想。但是，近年来，我产生了别的想法。每年夏天
都不知不觉地就结束了，明明没有明确的"要结束了
哟"的征兆就结束了。不知不觉地发现自己处在一个
舒适的时期，这才意识到夏天已经结束了，无法去触
摸已经过去的夏天。所以，如果现在眼前有夏天，能
够触摸的话，那就是幸福的事情吧。总有一天会过去
的东西就在眼前，这就是幸福。我希望自己能意识到
这一点。

秋天来了，毫无疑问的是吃秋刀鱼的季节。我希望每天都能吃到盐烤秋刀鱼。如果配上萝卜泥，再稍微挤一点酸橘汁在上面，那就是最好的菜了。

　　秋意渐浓，需要从衣橱中拿出一两件冬装的季节到来了，这样的某一天，粕汁（酒糟汤）出现在餐桌上。在汤汁中加入酒糟，再加入猪肉、胡萝卜、白萝卜、魔芋等的粕汁，营养丰富自不必说，温暖身体的效果也很好。据说，妻子小时候曾经在和哥哥一起玩时演过"在山上遇难，在偶然发现的山中小屋里因为吃了主人做的粕汁而得救了"的戏码。妻子喝粕汁的历史很长。因为我老家没有做粕汁的习惯，所以我和妻子结婚后才开始喝粕汁，并且喜欢上了。我一边啜着粕

汁一边看着妻子的脸。喝着粕汁的妻子一副看起来很幸福的表情。

　品尝妻子所做饭菜的人，不只是我和女儿，还有妻子自己。妻子吃自己做的菜吃得津津有味。因为实际上她做的菜很好吃，所以这也是理所当然的。我觉得，能如此津津有味地吃着自己做的菜，妻子真是很棒。就这么过着过着，下一个季节到来了。

21´

在『活着的喜悦』之后的事

自从开始拍摄以"妻子做的饭"为中心的日常生活照片，我清晰地意识到了"活着的喜悦"。自己活着这件事，以及和妻子、女儿在一起生活的时间，都不是理所当然的，我变得把这种幸福看得比其他一切都更重要，想要去品味这种幸福。不管是我在SNS投稿的照片上加的文字，还是在这本书中一直都在表述的，都是"活着的喜悦"。

最近，我不由得开始思考，这个想法应该还有更深的一层。

　　几个月前，我的一位熟人突然去世了。

　　那个人的家人关注着我的SNS，看到了我写的"活着的喜悦"，会做何感想呢？

　　我没有突然失去家人的体验，所以，即便说想去体会那种心情，也是无法轻易做到的。我想，至少他们在读到"活着的喜悦"这样的话时，恐怕不会怀着平静的心情吧。活着而开心是理所当然的，但我，以后会越来越多地面对"死去的悲伤"吧。

　　我经常想的"活着的喜悦"，也就是与"死去的悲伤"完全相反的东西。从想象"死去的悲伤"中，开始体会到"活着的喜悦"。越是强调"活着的喜悦"，就越是会触摸到"死去的悲伤"。想象并表现出"活着的喜悦"，对于现在的我来说是坦率而切实的想法，是向前迈进的重要事情，但是，我是否想象过体验过"死去的悲伤"的浓烈情感的这些人呢？我不得不说，我没有想象过。

　　我并不是漫不经心地过着每一天，而是基于"活着的喜悦"来思考，认为与他人产生共鸣是很重要的而活着，但我第一次意识到，也许有些人在这个圈子之

外，感觉到被"死去的悲伤"这个侧面静静地在心上开了一枪。

我本打算抱着"活着并不是理所当然的""不知道自己能活到什么时候"的自觉而活着，但我觉得我并不是带着真实感去这样想的。虽然没有任何根据，但是乐观预测的话，我认为自己和重要的人能够活到一般人左右的寿命。因此，真的是无法想象"死去的悲伤"。

开始考虑"死去的悲伤"，变得不能继续在SNS上投稿照片了。我变得会去想象，登载自己幸福的生活照片、写关于"活着的喜悦"的话语，会不会令别人因此受到伤害。

就这样，有一次妻子对我说："自己或重要的人死

去，我觉得是很悲哀的事情。如果只能回答出'死 = 悲哀'的话，那才真的是太悲哀了，一旦这种事真的出现在眼前，不会觉得太痛苦了吗？面对死亡，我想，不能只是悲伤，更希望能够用积极的态度去接受。"

这对我来说，是一个全新的想法。并且，关于这个想法，我想要更深入地思考一番。

我现在所写的，归根结底是只实际体会过"活着的喜悦"的我所写的文字。对于我写的这篇文章，也许有人会觉得"因为你没有体会到重要的人死去的悲哀，所以才会有那样的想法"。但是，我想为了自己和对自己而言重要的人，考虑现在所能考虑的事。

人能活到什么时候、什么时候会死，谁也不知道。有人活得长，有人活得短，也许能活得很悠闲，也许会活得很忙碌。

死亡总有一天一定会发生在每个人身上，而且，即便离开了眼睛所能看到的世界，也会希望在下一个世界能继续活着。在自己和重要的人身上发生这种事情的时候，如果可能的话，我希望这样去想。虽然觉得万一真的发生这种事我会很痛苦，但是为了自己和重要的人，我强烈地想要这样去想。

我强烈地希望，死亡并不单纯地只是恐怖和悲哀。

几周前，我的一个熟人因病去世了。

几个月前我知道她患了重病，好像在接受治疗。那个人是一位三十多岁的女性，是一个两岁左右孩子的母亲。听到这条讣告的时候，作为拥有一个同样年幼孩子

的父母，我猜她是带着看不到孩子成长样子的遗憾以及
担心孩子今后能否平安成长的不安死去的吧。虽然那不
是个跟我交往很深的熟人，但是我觉得很悲伤。

那种心情慢慢地染上了不同的色调。在她去世之
前，我发现周围留下了我意想不到的话。

"我对人生没有留恋。没有没做完的事，很开心。
谢谢你。孩子也是，丈夫会好好养大的，我不担心。"

我打心眼里感到吃惊。她不过三十多岁，竟然就能

说出这样的话来。

　　一般来说，在如此年轻就怀有死的觉悟的情况下，周围的家人也一定会怀着难以想象的痛苦。只要想象一下没能去做自己想做的事情的遗憾，以及必须丢下幼小孩子的遗憾，胸口应该会难受到快要裂开了。

我想，她说的话，应该会很大程度地安慰她家人的心吧。

她的本心是如何的呢？实际上应该很痛苦，是为了家人才这么说的吧？

这一点，谁也不知道。也许是那样，也许不是那样。我觉得，去想象怎么考虑都不会明白的事情，没有什么意义。确定的是，她留下了那些话这一事实。

而我又想到了自己和家人。

我希望能和家人一直生活下去，但总有一天死亡会到来。

即使那个时候到来，我也希望能拥有一颗不只是承受悲伤的心，并且能对家人说"我对自己的人生没有留恋了"。

虽然现在还远远不行，但愿有一天我能做到。每一天，我都想一边吃着妻子做的饭一边生活下去。

22

想将妻子刻入世界

当我接到北京联合出版公司要出版我的书的消息
时，我非常吃惊。网上有很多人分享我的照片，能在
屏幕上看到这些当然非常开心，但是将这些印刷到能
用手触摸的纸上并摆放在书店中，意义是完全不同的。
由于近年来日本的生活和文化在中国的流行，以及
Instagram 在日本越来越流行，还有我在 Instagram
上登载了很多日本特色的料理，我想，我的书才得以
出版。我自己没有做饭的本事，只是喊着"看上去好
好吃！"地一边拍照，一边说着"好吃"地大快朵颐，
明明只是写下了这份心情而已，没想到居然会变成这
样，我只是运气好罢了，真的太感激了。一般来说，
我怕是今后再也没有机会出版书了吧。

　　比起网络，纸质书籍还是会让人觉得在世界中铭
刻了什么。最初摆放在书店中，不知不觉地消失之后，

还会有些不可思议的事情会继续留存。能有机会在这样的媒体上写东西，我到底想要留下些什么呢？

我就这样一边书写着自己的问题一边思考，最先浮现在脑海里的是我的妻子。我想和作为作者的自己一起，将妻子留在这本书里。我希望能把她留在这本书中，能若无其事地在世界上刻下妻子这个人。

明明早上比我起得晚一点，但我想吃早饭的时候，她一定会给我拿出面包、咖啡和切好的水果；在我去工作的时候，她就和女儿一起在院子里耕地，或是种植蔬菜、花籽，或是给它们浇水，家里到处都摆放着小花瓶，插着开在庭院和路旁的花；将洗好的衣服都

好好地烘干后，观察天气，或是晒在阳台上，或是收
进房间；妻子还时常会和女儿一起跳奇怪的舞蹈；不
仅是料理，妻子在锯木板和钉钉子上也比我拿手得多，
不知不觉间就能做好一个架子摆放在家中；工作结束，
在我从工作单位出来的时候跟我联络，我回到家换好
衣服坐在饭桌边的时候，发出"嗞嗞"声音的油花的
烤鱼就刚好端上来了……

　　如果这样写的话，无论写多少，都不能接近妻子的
全貌。因为妻子这个人不是个别小故事的集合体。

　　虽然知道是这样，但我能够表现的手段只有照片和
语言。

　　我想用照片和语言尽可能地刻画出眼前的妻子和眼
前的妻子的人生。

# ● 鲣鱼汤

## ·材料

水600毫升、鲣鱼花20克。

## ·步骤

1.把水烧开，稍微把火弄小一些，放入鲣鱼花。

2.用小火煮两三分钟，用编织物或者揾布过滤一下汤汁。

3.如果加上少许的味噌，就成了味噌汤；如果加上酱油、料酒、盐、酒等淡淡地调味，就成了一碗清汤或炖菜用的高汤。

# ● 网烤青椒

## ·材料

青椒。

## ·步骤

1.在三角铁架上放上烤网，把青椒竖着切成两半，去掉籽，两面都烤一下。我家的口味是喜欢稍微烤焦一些。

2.烤好之后盛到盘子里，依次撒上鲣鱼花、酱油调味。

## ·备注

夏天，在我家的家庭菜园里茁壮成长的青椒很多。

当想饭桌上再来一道菜的时候，只需要烤一下青椒，很简单，色彩也非常好看。

# ● 蒸蔬菜沙拉

## ·材料

我喜欢的蔬菜有几种，比如西蓝花、菜花、小萝卜、胡萝卜、土豆、玉米等应季的蔬菜。

## ·调味汁

将醋、橄榄油、颗粒芥末酱按照1∶2∶2的比例混合，撒上少许的盐和胡椒。

## ·步骤

1.将时令蔬菜切成自己喜欢的大小，用无水锅蒸煮。当然，也可以用蒸笼蒸。

2.蒸好的蔬菜冷却之后，再放入调味汁。

## ·备注

不要蒸得太软，我家的偏好是蔬菜得留有嚼劲。

# ● 罗 勒 泥

## · 材料

罗勒、奶酪粉、橄榄油。

## · 步骤

1.将大概能抓满两只手的罗勒叶（去除茎部）用热水煮20秒左右，捞出沥干，切成碎末。

2.放入罗勒重量两倍的奶酪（例如煮好的罗勒有30克的话，就放60克奶酪粉）一起搅拌。

3.将橄榄油慢慢地倒入其中，搅拌到自己喜欢的光滑程度。

## · 备注

可以将罗勒泥涂在面包上或者吐司上。也可以把煮好的土豆捣碎，趁热和罗勒泥搅拌在一起，也很美味。罗勒泥做好之后很容易变色，所以应该在两三日之内吃完。我家是一口气做好，然后分成小份冷冻保存。

罗勒的话，因为在超市买很贵，所以可以在家庭菜园中栽培。罗勒是非常容易养活的，即便掐下来也会发出腋芽来，所以夏天无论何时都能用新鲜的罗勒来做罗勒泥。

虽然经常能看到用生罗勒做的菜，不过，用煮的方式来烹饪罗勒叶是我家偏好的口味。

# ● 猪肉汤

### · 主要材料

鲣鱼高汤、猪五花肉、牛蒡、白萝卜、胡萝卜、魔芋、油炸豆腐、地瓜。

（蔬菜大体上用量相同，因为地瓜是甜的，所以要控制一下用量。油炸豆腐、魔芋比起蔬菜要少放一些，这是我家的口味。）

### · 配料

七味粉、葱丝。

### · 步骤

1. 先把牛蒡削成薄片。

2. 将其他的蔬菜和魔芋切成同等大小。

（是切成长条还是切成块状，根据当天的心情而定。油炸食品要切成薄片。）

3. 将切好的材料放入锅中，加入足量的能没过食材的汤汁，煮到食材变软为止。

（红薯很容易煮烂，所以比其他蔬菜晚一点放入锅中较好。）

4. 待蔬菜变软后加入猪五花肉，煮到熟为止。

5. 在锅中加入适量的味噌。用小火焖上五分钟左右。

（我家总是用大锅一次做很多，经常能吃上两天。到第二天的话，汤的味道调和了，感觉更加好吃。）

6. 盛在碗里，配上七味粉和葱丝一起吃。

## · 备注

猪肉汤是在根菜（指的是主要食用根茎部分或者说生长在土壤中的菜的统称）变美味的寒冷季节里经常做的美食。并且，在很忙碌，不能慢慢地做饭的日子里，经常是从早上开始就预先炖上。

在一碗中能吃到很多的蔬菜和肉，营养满分。配上饭团一起吃的话，就是我家的快餐了。

## ● 其他

　　各种菜谱是几人份的，材料的克数是多少？虽然有人问起过，但这是我家的家庭料理，所以没有明确地记载分量。应该说，本来就没有好好计量过。

　　因为不是厨师，而是家庭主妇，所以大部分菜肴都是交给眼睛、舌头和感觉来做的。

　　要说我会去做计量的，至多也就是煮米时用的水量之类的。

## 图书在版编目（CIP）数据

日日是好日 /（日）AKIPIN 安部明雄著；苏航译
. — 北京：北京联合出版公司，2020.11
ISBN 978-7-5596-4404-6

Ⅰ. ①日… Ⅱ. ①A… ②苏… Ⅲ. ①生活—美学
Ⅳ. ①B834.3

中国版本图书馆CIP数据核字（2020）第123428号


**日日是好日**

作　者：（日）AKIPIN 安部明雄　　　译　者：苏　航
出品人：赵红仕　　　　　　　　　　　出版监制：辛海峰　陈　江
责任编辑：徐　樟　　　　　　　　　　特约编辑：丛龙艳
产品经理：周乔蒙　　　　　　　　　　版权支持：张　婧
封面设计：尚燕平　　　　　　　　　　美术编辑：任尚洁

- - - - - - - - - - - - - - - - - - - - - - - - - - - - - - - - - - - - -

北京联合出版公司出版
（北京市西城区德外大街83号楼9层　100088）
北京联合天畅文化传播公司发行
廊坊市祥丰印刷有限公司印刷　新华书店经销
字数 30千字　880毫米×1270毫米　1/32　6印张
2020年11月第1版　2020年11月第1次印刷
ISBN 978-7-5596-4404-6
定价：49.80元

- - - - - - - - - - - - - - - - - - - - - - - - - - - - - - - - - - - - -